BEI GRIN MACHT SICH IHR WISSEN BEZAHLT

- Wir veröffentlichen Ihre Hausarbeit, Bachelor- und Masterarbeit

- Ihr eigenes eBook und Buch - weltweit in allen wichtigen Shops

- Verdienen Sie an jedem Verkauf

Jetzt bei www.GRIN.com hochladen und kostenlos publizieren

Bibliografische Information der Deutschen Nationalbibliothek:

Die Deutsche Bibliothek verzeichnet diese Publikation in der Deutschen National-
bibliografie; detaillierte bibliografische Daten sind im Internet über http://dnb.d-
nb.de/ abrufbar.

Impressum:

Copyright © 2019 GRIN Verlag
Druck und Bindung: Books on Demand GmbH, Norderstedt Germany
ISBN: 9783668996212

Dieses Buch bei GRIN:

https://www.grin.com/document/493416

Barry Azihuwa

Die Auswirkungen von Elektroautos auf die Automobilindustrie und Umwelt. Inwiefern haben Teslas die Welt verändert?

GRIN Verlag

Kepler-Gymnasium Freiburg

Inwiefern haben Teslas die Welt verändert?

von Barry Azihuwa

Inhaltsverzeichnis

Einleitung

Das erste Auto war der Benz Patent-Motorwagen Nummer 1 aus dem Jahre 1886 und wurde von Carl Benz erfunden. Zunächst besaß das Auto lediglich eine maximale Höchstgeschwindigkeit von 16 km/h, doch dank technischem Fortschritt und verbesserter Sicherheitsmechanismen konnte man mit dem Auto in den nächsten Jahren zur Arbeit und sogar in den Urlaub zu fahren.

Obwohl das Besitzen eines Autos früher ein Markensymbol war, ist das heutzutage nicht mehr etwas Besonderes – Autos haben sich in unserem Alltag als Gang und Gebe erwiesen. Doch jetzt erleben wir einen vergleichbaren, neuen Wandel: etwa 130 Jahre später, nachdem das erste Auto auf den Markt kam, fahren nun auch Elektroautos auf den Straßen.

Im Rahmen dieser Facharbeit werde ich mich mit dem Thema Elektroautos auseinandersetzen und mich dabei hauptsächlich auf die Firma Tesla, Inc. als Repräsentant der Elektrofahrzeugindustrie beziehen, da sie derzeit in Nordamerika und Europa Marktführer in dieser Branche sind.

Im Hauptteil meiner Arbeit lege ich mein Augenmerk im Wesentlichen auf drei Punkte, anhand derer ich meine Leitfrage „Inwiefern haben Teslas die Welt verändert?" beantworten werde. Zunächst geh ich dabei auf die Firma Tesla an sich ein und betrachte im Anschluss die Vor- und Nachteile von Elektroautos.

Außerdem befasse ich mich mit dem Thema des autonomen Fahrens und gebe einen Ausblick in die Zukunft dieser Technologie, wobei ich die Funktionsweise des autonomen Fahrens beschreibe und zusätzlich auf die aktuelle Rechtslage eingehe.

Zum Schluss befasse ich mich schließlich mit dem Aspekt der Umwelt und wende mich speziell dem Klimawandel zu. Es ist allgemein bekannt, dass Verbrennungsmotoren durch den Schadstoffausstoß schlecht für die Umwelt sind, jedoch kläre ich des Weiteren auf, inwiefern auch Elektroautos, wie die von Tesla, umweltschädlich sein könnten.

Tesla

Elon Musk

Bevor man auf Tesla als Firma zu sprechen kommt, sollte man sich zunächst mit dem CEO und Investor namens Elon Musk befassen.

Elon Musk wurde am 28. Juni 1971 in Pretoria, Südafrika geboren, wo er auch aufwuchs, da seine Eltern Errol Musk und Maye Musk ihr Geschäft in den USA verkauften und nach Südafrika zogen. Dort angekommen, arbeitete sein Vater als Ingenieur und seine Mutter gründete eine Praxis für Ernährungsberatung. Man kann sagen, dass die Familie durch den Verkauf des Geschäftes und deren Tätigkeiten relativ wohlhabend waren. Jedoch kam Unruhe in die Familie, als Elons Eltern sich scheiden ließen. So lebte Elon zunächst bei seiner Mutter, jedoch zog er wenig später zu seinem Vater. Das erklärt er heutzutage ganz pragmatisch damit, dass seine Mutter noch seine Geschwister hatte, während sein Vater alleine war. Elon Musk sieht diese Zeit als psychische Folter an und streitet den negativen Effekt, den die Scheidung auf ihn hatte, nicht ab.

Elon Musk wurde während seiner Schulzeit häufig gemobbt, weshalb er sich als Kind schon von anderen abgrenzte und sich in eine Parallelwelt der Bücher, Wissenschaft und Technik entzog. So erinnert er sich, wie er oftmals in der Bücherei stundenlang Bücher und Comics las, und als er mit diesen fertig war, widmete er sich den Lexika, wo sich sein eidetisches Gedächtnis bemerkbar machte – Elon konnte sich daraus Fakten merken und sie nach Bedarf beliebig wieder abrufen. Da sein Vater Ingenieur war und viel Geld hatte, hatte Elon Musk stets Zugang zu einem Computer, an dem er im erstaunlichen Alter von 12 sein erstes Spiel programmierte. Das erste Spiel, das er programmierte war ein Weltallspiel namens „Blaster" und dies verkaufte Elon allerdings an eine Zeitschrift für 500 USD.

Im Alter von 17 zog er schließlich nach Kanada und begann sein Studium für Wirtschaft und Physik. Im Jahre 1995 gründete er daraufhin das Start-up „Zip 2", welches als Vorläufer von Google Maps bezeichnet werden kann. Dies verkaufte er

1999 für 307 Millionen USD, wovon sein Anteil 22 Millionen USD betrug. Daraufhin gründete er mit dem Geld im selben Jahr die Firma „X.com". Die Firma entwickelte ein Online-Bezahlsystem und fusionierte im nächsten Jahr mit dem Konkurrenten „Confinity", heute als PayPal bekannt, die das gleiche Firmenkonzept hatten. Elon Musk verkaufte auch diese Firma für 1,5 Milliarden USD und gewann dadurch zusätzliche 250 Millionen USD.

Im Jahr 2004 gelang Elon Musk schließlich zu Tesla, Inc. mit dem Ziel, bezahlbare Elektroautos herzustellen, da er hier großes Potential für Besserungen sah.

(vgl. Vance Ashlee , 2015, Kapitel 1-9)

Vor- und Nachteile beim Tesla

Bevor man speziell auf Teslas zu sprechen kommt, sollte man zunächst klären, was Elektroautos grundsätzlich ausmacht. Elektroautos sind Autos, die anstelle eines Verbrennungsmotors einen Elektromotor besitzen (vgl. www.elektroauto-news.net).

In dieser Seminararbeit verwende ich Teslas als Vertreter der Elektrofahrzeuge, da die Firma Tesla, Inc., abgesehen von dem asiatischen Automobilmarkt weltweiter Marktführer in dieser Branche sind.

Wie bei so vielen Sachen gibt es hier auch zwei Seiten einer Medaille.

Zunächst zeige ich die negativen Aspekte eines Tesla-Fahrzeugs auf. Ein Nachteil bezüglich der Elektrofahrzeuge im Gegensatz zu gewöhnlichen Autos mit Verbrennungsmotoren besteht darin, dass die Ladezeiten deutlich länger sind. Bei den Verbrennern dauert das Betanken nur einen kurzen Augenblick, wobei es bei Teslas bis zu etwa eine Stunde lang dauern kann, bis das Auto voll aufgeladen ist. Die Ladezeit variiert stark nach der Größe der Spannung, die auf den Ladestationen zur Verfügung stehen, und der erwünschten Ladungsmenge. Was man noch in Betracht ziehen sollte ist, dass das Ladenetz, das aus Ladestationen besteht in Deutschland noch nicht flächendeckend ausgebaut ist. Dies kann zu Umwegen bei längeren Reisen führen. Ein Tesla Model S hat eine Reichweite von etwa 500 km, jedoch ist die Reichweite im Winter noch etwas geringer, da Kälte die elektrochemischen Prozesse im Akku verlangsamt.

Schließlich bietet die langjährige Automobilindustrie der Verbrenner im Vergleich zur relativ neuen Elektroautomobilindustrie weitaus mehr Modelle, unter denen man sich das passende Fahrzeug, auf seine persönlichen Wünsche und Anforderungen abgestimmt, aussuchen kann.

Woran erkennt man auf der Straße ein Tesla? Am Geräusch. Da der Tesla kein Verbrennungsmotor besitzt, ist das Fahrzeug sowohl drinnen wie auch außen, praktisch lautlos. Der wichtigste und entscheidende Kaufgrund für die meisten, die einen Tesla besitzen, ist die Tatsache, dass er aufgrund seines Akkubetriebs emissionsfrei durch die Straßen fährt und somit keine Schadstoffe ausstößt.

Zusätzlich hat ein Tesla sogut wie keine Verschleißteile, weshalb die Wartungskosten für solch ein Auto sehr gering ausfallen. Außerdem erhält man stets Systemupgrades, die das Fahrverhalten erheblich verbessern können. Schließlich kann ein Tesla im direkten Vergleich mit einem herkömmlichen Auto, in Sachen Preis und Leistung, definitiv mithalten. Es kommt beim Beschleunigen zu einer geringen Zeitverzögerung, da es sich bei Elektroautos oft um einen Allrad-Antrieb handelt und die Energie von den Akkus direkt umgesetzt wird.

Je nachdem wo man lebt, kostet ein Tesla weniger, da die Steuern darauf wegfallen oder man oft ein Zuschuss vom Staat erhält. Außerdem ist das Fahren generell günstiger als bei einem Verbrenner, da das Aufladen preiswerter ist als das Betanken. Obendrauf kann man sich eine Ladestation für das zuhause installieren, womit man jeden Tag mit einem vollem Akku aufwacht und dadurch den fehlenden flächendeckenden Ladestationen entgegenwirken.

Ein weiterer Vorteil ist, dass der Tesla aufgrund des fehlenden Verbrennungsmotors im vorderen Bereich eine sehr große Knautschzone besitzt, was die Sicherheit des Fahrzeugs erheblich steigert. Durch die Batterie, die am Boden des Fahrzeugs befestigt ist, ist der Tesla zwar schwerer als ein Verbrenner, allerdings verhindert der höhere Schwerpunkt am Boden das Überschlagen des Autos und man liegt wesentlich besser in den Kurven. Das führte unter anderem zu dem perfekten Crash Test Rating des Tesla Model X in den USA. Zuletzt gibt es noch den Aspekt des autonomen Fahrens, was viele Elektroautos bereits unterstützen – hierauf gehe ich jedoch an späterer Stelle nochmal etwas genauer ein.

Kritik und Erfolg hinter Tesla

Tesla ist eine Firma, die weltweit größte Bekanntheit genießt, jedoch ist Tesla nicht makellos und dies kann man auch kritisieren.

Wenn man im Internet nach Ereignisberichten sucht, zeigt sich, dass es schon beim Bestellen bis hin zum Fahren eines neuen Teslas zu Schwierigkeiten kommen kann. Dies bestätigte mir auch mein Interviewpartner Alex vom YouTube Kanal „Elektrisiert". Alex hat ein Model S und ein Model 3. Der Erwerb des Model 3 erwies sich als sehr schwierig und brachte Komplikationen. Wobei die Bestellung an sich einerseits glatt lief, sah das bei der Lieferung etwas anders aus. Als es zum vereinbarten Liefertermin kommen sollte, wurde der Termin mehrmals um mehrere Wochen nach hinten verschoben. Abgesehen davon, dass das normalerweise bei einer Bestellung nicht passieren sollte, konnte das Auto nach der Ankunft auch noch Makel aufzuweisen. Das Problem hier liegt an den zu früh gelegten Terminen, was geschieht, wenn die Zeitpläne so arrangiert werden, dass von dem optimalen Verlauf ausgegangen wird. Elon Musk vermittelt diese irreführende Strategie seinen Mitarbeitern und geht auch damit an die Öffentlichkeit.

Jedoch kann man das „phänomenale Ereignis" der Ankunft des Teslas bei reibungsloser Bestellung bis zum Liefertermin garnicht beschreiben. Alex meinte, da Elektroautos eine Rarität sind, ist das reine Fahren schon ein Erlebnis. Die Teslas sehen höchst modern und minimalistisch aus und bieten dank ihres technischen Fortschritts Gadgets wie ein Tablett, das im vorderen Abteil verbaut ist und mit dem man alles steuern kann. Diese Aspekte gekoppelt mit der gefühlten unmittelbaren Beschleunigung, wenn man auf das Fahrpedal tritt, machen Teslas zu einem reinen Genuss.

Ein weiterer Kritikpunkt jedoch sind die Arbeitsverhältnisse in den USA. Die Arbeiter müssen oft Überstunden leisten und zudem ist die Arbeit sehr hart. Eintönige und wiederholende Handgriffe sind bei den Arbeitern der Alltag. Es kommt oft zu Verletzungen an den Maschinen und zu Burnouts.

In Anbetracht dieser Argumente, stellt sich schließlich die Frage, wie Tesla auch trotz einiger Nachteile zu einem solchen Erfolg gekommen ist.

Die Antwort ist im Grunde ganz leicht, denn es hängt alles von der Idee ab, die hinter dem Produkt steht. Mit jedem populären Produkt, wie etwa von Nike, verkauft man eine Idee (in diesem Fall der Slogan „Just do it"), die den Käufer nicht nur dazu animiert Geld auszugeben, sondern auch eine Beziehung zu der Marke aufzubauen – die Marke macht schließlich einen Teil der Identität aus.

Tesla und Elon Musk verkaufen die Idee vom rebellischen, unkonventionellen Gegenspieler der Norm der Automobilindustrie. Damit gehen ein minimalistischer Stil und eine explosive Fahrweise mit ein, mit dem Bonus eines umweltfreundlichen Elektroautos, das konkurrenzfähig und bezahlbar ist.

Letzenendes hat Tesla es geschafft, den Begriff Elektroauto mit ihrer Firma zu assoziieren, sodass man direkt an Tesla denkt, sobald von Elektroautos die Rede ist.

Gigafactory

Die erste ihrer Art steht im US-Bundesstaat Nevada und wurde in Kooperation mit dem japanischen Elektronikkonzern Panasonic entwickelt, die auf Lithium-Ionen-Akkumulatoren für Akkupacks von Elektroautos spezialisiert sind.

Der Plan für die Gigafactory ist es, jährlich bis zu 500.000 Batteriepakete für Tesla-Fahrzeuge zu produzieren. Man möchte dadurch den Preis der Batteriepakete drastisch senken und die Energiedichte der Batterien erhöhen.

Weitere Gigafactory's sind in Planung. So soll eines von ihnen eine Fläche von 13,6 Millionen Quadratfuß besitzen, was sie flächenmäßig zu dem größten Gebäude der Welt machen würde. Die letztendlichen Ziele der Gigafactorys sind die komplette Teslaproduktion sowie die Produktion von Tesla Solarplatten, wobei die komplette Anlage zu 100% aus erneuerbaren Energien angetrieben werden soll. Da manche Fabriken an Orten wie die Wüste Nevadas liegen und sie Solarplatten produzieren, liegt es demnach nah, dass die gesamte Dachfläche der Gigafactorys mit Solarpaletten bedeckt werden soll. Elon Musk meint außerdem: „What really matters to accelerate a sustainable future is being able to scale up production volume as quickly as possible" .(www.elonmuskquotes.com).

Autonomes Fahren

Bevor man über das autonome Fahren spricht, muss zunächst der Begriff des autonomen Fahrens geklärt werden. Laut dem Autokonzern Daimler ist der Begriff autonomes Fahren so zu definieren: „Autonomes Fahren bedeutet das selbständige, zielgerichtete Fahren eines Fahrzeugs im realen Verkehr ohne Eingriff des Fahrers", (www.daimler.de). Umgangssprachlich wird dies auch als „selbstfahrendes Auto" bezeichnet.

Level des autonomen Fahrens

Beim autonomen Fahren unterscheidet man fünf Level des autonomen Fahrens.

Level 1 beschreibt das assistierte Fahren. Dies meint Hilfsmechanismen wie den Tempomat, die man schon im Großteil der Autos heutzutage finden kann. Hierbei muss der Fahrer immer noch stets das Lenkrad in der Hand halten und auf den Verkehr achten.

Level 2 beschreibt das teilautomatisierte Fahren, bei dem das Fahrzeug ausschließlich auf der Autobahn selbst die Spur und den Abstand zum vorliegenden Fahrzeug halten kann.

Level 3 beschreibt das hochautomatisierte Fahren. Hier kann das Fahrzeug schon fast selbständig fahren und sogar Manöver wie das Bremsen und das Überholen stellt kein Probleme dar.

Level 4 beschreibt das vollautomatisierte Fahren, bei dem das Fahrzeug selbständig mit der Umwelt agieren kann und eigentlich kein Fahrer benötigt wird.

Level 5 beschreibt schließlich das vollständig fahrerlose Auto, bei dem das Fahrzeug kein Lenkrad mehr besitzt und nur die Technik die Verkehrssituationen bewältigt.

Derzeit befinden sich die neusten Modelle von Tesla im Bereich von Level 3

Aktuelle Rechtslage

Bei Level 1 - 2 muss der Fahrer jederzeit in das Fahrgeschehen eingreifen können und bei der Fahrt wachsam bleiben. Laut dem Gesetz ist der Fahrer haftbar, falls es zum technischen Versagen kommt, da der Fahrer stets wachsam und bereit sein sollte einzugreifen.

Bei Level 3 – 4 darf der Fahrer sich vorübergehend vom Verkehr abwenden, jedoch muss dieser immer noch wachsam bleiben. Falls das System einen Unfall oder eine Verkehrswidrigkeit begeht, ist der Fahrer nicht haftbar, gibt das System allerdings im Vorhinein eine Warnmeldung aus, muss der Fahrer aktiv in das Fahrgeschehen eingreifen, sowie wenn er bemerkt, dass das System fehlerhaft ist.

Autonomes Fahren beim Tesla

Nun stelle ich die Funktionsweise des autonomen Fahrens speziell im Fall des Teslas dar.

Zuerst das „Sehen" - was bei dem Menschen die Augen sind, sind bei dem Auto Sensoren, Radare und Kameras. Mithilfe der acht Kameras im Tesla verfügt das Fahrzeug über eine 360 Grad-Sicht, welche die Umgebung bis zu 250m überwacht. Die vielzähligen Kameras werden durch zwölf Sensoren ergänzt. Diese können differenzieren, ob es sich um ein weichen oder einen harten Gegenstand handel. Das Tesla Fahrzeug besitzt zudem ein nach vorne blinkendes Radar, was bei schlechten Wetterverhältnissen zur Hilfe kommt. Was die Konkurrenz besitzt, sind Lidar-Sensoren, die Tesla jedoch nicht für notwendig bei autonomem Fahren hält.

Elon Musk meint: „Anyone relying on lidar is doomed" (www.cnet.com). Wie die Sensoren funktionieren, wird im Anschluss erklärt, da viele Elektroautos darauf zurückgreifen und dies ein weiterer Ausblick auf die Zukunft haben könnte.

Die Lidar-Sensoren senden zahlreiche Lichtstrahlen aus, die wiederum von dem Gegenstand reflektiert werden und anschließend wieder von dem Sensor erfasst werden können. Somit kann eine Punktwolke erstellt werden, die man sich als eine dreidimensionale Karte der Umgebung vorstellen kann. Schilder können Lidar-Sensoren jedoch nicht erkennen.

Hierfür werden Kameras verwendet, die man auch beim Tesla finden kann, zur Beibehaltung der Spur. Bei schlechtem Wetter oder Nebel sind diese Hilfsmittel allerdings nicht zu gebrauchen. Ein Radar ist auch hilfreich für das Beibehalten von Abständen zu den anderen Fahrzeugen und um Hindernisse zu erkennen. Damit das Radar etwas erkennt, müssen die Gegenstände groß genug sein. Ein weiteres Hilfsmittel sind digitale Karten, die Beschilderungen und Tempolimits mithilfe von GPS erhalten.

Das Herzstück des Teslas ist die Hardware und Software. Die Algorithmen werten die Daten aus, die von den Kameras, Sensoren und dem Radar erfasst werden, wodurch erkannt wird, um welches Objekt es sich handelt. Dies wird durch Machine-Learning ermöglicht. Dabei werden die Daten, die erfasst werden, durch zahlreiche Vergleichsdaten ausgewertet. Der Tesla muss „lernen", worum es sich bei den Daten, die es durch die Kameras, Sensoren und Radare erhält, handelt. Tesla hat seinen Investoren im April ihren neuen Chip vorgestellt, der laut Elon Musk, der Stärkste auf dem Elektroautomobilmarkt sei. Teslas mit diesem Chip sollen sogar fähig sein, nicht von der Bahn abzukommen, wenn Fahrer des Fahrzeugs nicht mehr ansprechbar sind.

Da das Tesla Fahrzeug nun versteht, um welches Objekt es sich handelt, muss es nur noch vier Aktionen durchführen. Diese sind Gas geben, Bremsen, und nach links oder rechts lenken. Damit dies geschieht, müssen viele Faktoren in Betracht gezogen werden. Diese Faktoren sind Umwelteinflüsse und der damit einhergehende Verkehr. Dabei spielt die künstliche Intelligenz eine wichtige Rolle. Das Fahrzeug lernt aus den eigenen gesammelten Information der gefahrenen Strecken und gleichzeitig aus den Vergleichswerten anderer Teslas. Jedoch gibt es auch hier Nachteile wie Technik, die versagen oder auch gehackt werden könnte.

Vor- und-Nachteile des autonomen Fahrens

Zunächst beginne ich mit den negativen Aspekten. Da das Fahrzeug ein technisches Gerät ist, gehen damit die klassischen Bedenken einher. Zunächst ist die Frage nach dem Datenschutz noch nicht vollkommen geklärt. Das Auto speichert alle möglichen Daten wie z.B. Orte, an den man gewesen ist, und vieles mehr. Außerdem kann das System auch ausfallen und auf manche Situationen nicht eingestellt sein. Es gab bereits Unfälle, in denen das Auto eine Baustelle nicht erkannt hat.

Schließlich gibt es auch einen philosophischen Zwiespalt. Als Beispiel nimmt man die folgende Situation. Wenn vor dem Fahrzeug plötzlich ein Lastzug mit hoher Geschwindigkeit aus entgegengesetzter Richtung auf der gleichen Spur fährt und es nur zwei Ausweichmöglichkeiten gibt, muss sich der Tesla „entscheiden". Links könnte ein Auto mit fünf älteren Menschen und rechts mit drei Kinder stehen. Nun muss das Auto, nicht der Mensch, entscheiden, ob man sich selbst opfert und falls nicht, wer „mehr Recht" auf Leben hat. Andererseits könnte man in dem Fall auch so argumentieren, dass nicht die künstliche Intelligenz an sich entscheidet, sondern ein Programmierer, der für diese Situation eine Evaluationsrechnung einprogrammiert hat und somit letztendlich die Entscheidung getroffen hat.

Es scheint jedoch so zu sein, dass die positiven Aspekte überwiegen. So berichtet der ADAC Im vergangenem Jahr, dass 3.285 Menschen durch Autounfälle ums Leben kamen, wobei 95 % davon als menschliche Fehler registriert wurden (vgl. www.adac.de). Dies kann durch autonomes Fahren vermieden werden. Da die Fahrzeuge untereinander kommunizieren und somit so gut wie jegliche Fehler vermeiden können. Außerdem sind die meisten Staus menschenverschuldet, dem mit dem autonomen Fahren erheblich entgegen gewirkt werden kann und damit schließlich, nicht nur unserer Umwelt zugute kommt, sondern auch unserer Wirtschaft, die auf ein funktionierendes Fahrsystem angewiesen ist. Die Zukunft des autonomen Fahrens könnte so aussehen, dass die Menschen selber kein Auto mehr besitzen, sondern überall Fahrzeuge zur Verfügung stehen und nur noch bestellt werden müssen. Somit braucht keiner mehr ein Auto und die Parkflächen werden sehr stark minimiert und schließlich auch frei, um sie neu zu bebauen.

Umwelt

Klimawandel

Elektroautos wie Teslas sind angeblich wichtig für unsere Erde, da diese nicht den Klimawandel vorantreiben. Mit der Frage, ob das so genau stimmt und was der Klimawandel überhaupt ist, werden wir uns im Folgenden auseinandersetzen.

Zunächst, was ist der Klimawandel? Der Klimawandel beschreibt die Veränderung des Klimas auf unserem Planeten, die durch natürliche und unnatürliche Einflüsse Zustande gekommen sind. Der Klimawandel hat zur Folge, dass die Temperaturen unserer Erde ansteigen. Die Sonneneinstrahlungen von der Sonne, die auf der Erde landen, werden reflektiert und gelangen daraufhin ins Weltall. Was als natürlicher Treibhauseffekt bezeichnet wird, wird allerdings durch Abgase, die teilweise menschenbedingt in die Atmosphäre gelangen und das reflektierte Sonnenlicht nur teilweise durchlassen, gestört. Der andere Teil wird in der Atmosphäre durch Abgase und kleine Schmutz und- Staubpartikel wie Ruß auf die Erde zurück reflektiert. Somit steigt die Temperatur auf der Erde stetig an. Die Folge dessen ist eine globale Erderwärmung (vgl. www.globalisierung-fakten.de).

Für die globale Erderwärmung gibt es zwar mehrere Ursachen, an denen immer noch geforscht wird, allerdings ist unter Wissenschaftlern allgemein anerkannt, dass menschenbedingte Treibhausgase wie CO_2 und CH_4 der Hauptgrund für diese Erwärmungen sind.
Ein Grund in Deutschland dafür sind Braunkohlekraftwerke, aus denen Deutschland einen Großteil seiner Energie gewinnt. Diese Braunkohlekraftwerke haben eine erhebliche Mitschuld am Klimawandel, da sie enorme Mengen von CO_2 ausstoßen.

Trotz etlicher Demonstrationen wird jedoch voraussichtlich bis 2030 weiterhin Energie aus Braunkohle geschöpft.

Der Verkehr macht in Europa 20% und in den Städten 80% der CO_2-Emission aus. Da in Deutschland mehr als jeder zweite in der Theorie ein Auto besitzt und die Anzahl der E-Autos unter einem Prozent liegt, sorgen die Autos für einen sehr hohen CO_2-Ausstoß (vgl. www.kba.de). Zieht man die Anzahl von ungefähr 600 Millionen PKWs weltweit in Betracht, wird das Ausmaß dieses Faktors deutlich.

Was die CO_2-Emissionen außerdem anregt, ist das Abholzen und Roden von Regenwäldern. Die Bäume werden abgeholzt, um Papier oder Möbel herzustellen. Dadurch entstehen etwa 20% der globalen CO_2 Emissionen. Das Abholzen ist außerdem kritisch, da Bäume und auch andere Pflanzen CO_2 in O_2 umwandeln und deshalb eine wichtige Rolle in der Klimaregulation spielen.

Ein weiterer Aspekt ist die Landwirtschaft. Mit dem Voranschreiten des Konsums der Menschen, nimmt auch die Viehhaltung immer mehr zu. Einerseits beansprucht die Tierhaltung Nutzfläche, auf der man Pflanzen und Bäume halten könnte, anderseits sind ein weiteres großes Problem Gase wie Methan, welche von den Tieren ausgestoßen werden und den Treibhauseffekt verstärken. Zusätzlich werden erhebliche Mengen an Wasser für die Viehzucht beansprucht.

Diese Ursachen bleiben natürlich nicht ohne diverse Folgen.

Ein erhebliche Folge der steigenden Temperatur ist das Schmelzen der Gletscher an den Polen. Das hat große Folgen für die Wasserzirkulation und den Meeresspiegel, dessen Erhöhung eine Überflutung von einigen Küstenregionen bedeutet. Außerdem findet eine Verschiebung von Klimazonen statt, die zu mehreren Wetterextremen führt. Durch diese Entwicklungen müssen viele Tiere ihren Lebensraum umsiedeln und auch der Alltag der Menschen verändert sich enorm.

Umweltfreundlichkeit der Teslas

Um die Ursachen des Klimawandels zu stoppen und die Folgen zu minimieren, gibt es schon einige Ansätze und Maßnahmen. Inwiefern einen Tesla zu fahren, dazu beitragen kann, wird neuerdings stark diskutiert. Einige behaupten, dass

Elektroautos wie der Tesla nicht in dem Maße umweltfreundlich sind, wie vielleicht vermutet. Woher diese Annahme kommt und ob sie stimmt, wird im Folgenden erklärt.

Wenn man allein die Produktion eines Teslas mit der eines herkömmlichen Fahrzeugs vergleicht, hat der Tesla erstaunlicherweise eine weitaus schlechtere CO_2-Bilanz. Doch woran liegt das? Vom Gestell unterscheiden sich die beiden Fahrzeugtypen kaum, der Hauptunterschied liegt logischerweise beim Antrieb der beiden Fahrzeuge. Der Tesla benutzt für den Antrieb Lithium-Ionen Akkus, wobei die üblichen Pkws einen klassischen Verbrennungsmotor benutzen. Einerseits sind in den Akkus seltenen Erden wie Lithium und Kobalt enthalten, deren Gewinnung sehr umweltschädlich sind - je nach Studie entstehen zwischen 50 bis 200 kg CO_2 pro kWh. Wenn man beispielsweise die Akkuproduktion in Chile betrachtet, werden zusätzlich enorme Mengen an Grundwasser verbraucht, wodurch das umliegende Land ausgedörrt wird. Da Lithium und Kobalt eine begrenzte Ressource sind, werden die Anteile dieser Stoffe auf der Erde mit der Zeit stets geringer. Jedoch zeigen Fortschritte schon z.B. das der Anteil an Kobalt in den letzten Jahren um den Faktor zehn in den Akkus verringert wurde. Natürlich ist die Bereitstellung von Verbrennungsstoffen wie Benzin ebenfalls sehr umweltschädigend, allerdings scheint die Produktion der Lithium-Ionen Akkus, wie gerade erläutert, ebenfalls zum Klimawandel beizutragen.

Doch stimmt es nun, dass herkömmliche Pkws umweltfreundlicher sind? Nein, denn die umweltfreundlichen Aspekte des Teslas zeigen sich vor allem nach der Herstellung. Während der Fahrt der herkömmlichen Pkws gelangen große Mengen an Schadstoffen in die Luft. Laut des Umweltbundesamtes haben sich die CO_2-Emissionen seit 1995 um 20% erhöht (vgl. wwww.umweltbundesamt.de). Im Jahr sterben etwa 7000 Menschen in Deutschland an diesen Schadstoffen. Der Tesla hat einen Elektromotor, der zu 100% schadstofffrei durch die Straßen fährt.

Damit ein Elektroauto wie der Tesla Model S die entstandene Emissions-Bilanz wieder einholen kann, müssten etwa 80000 Kilometer mit dem Fahrzeug gefahren werden.

Das Aufladen des Teslamotors ist in den Gedanken einiger Menschen der Hauptaspekt, an dem gemessen werde kann, wie „grün" ein Elektrofahrzeug ist.

Zunächst schauen wir uns dazu ein Dieselfahrzeug an. Auf 100 Kilometer verbraucht dieser 6,5l Diesel, wobei 172g CO_2 pro Kilometer entstehen. Ein durchschnittliches Elektroauto verbraucht auf 100 Kilometer etwa 15 kWh. Nun kommt es darauf an, woher man den Strom gewinnt. Wenn der Strom aus Braunkohle gewonnen wird, dann benötigt man 165g CO_2 pro Kilometer, bei Stromix 80g CO_2 pro Kilometer und bei regenerativem Strom, also Strom aus erneuerbaren Energien, liegt die Rate gleich bei 0g CO_2 pro Kilometer.

Man kann also sagen, dass der Tesla „grüner" und allgemein besser für die Umwelt ist - inwiefern umweltfreundlich kommt jedoch darauf an, wie lange und häufig man ein Elektroauto fährt und mit welchem Strom man das Fahrzeug in Betrieb nimmt.

Einen weiteren Vorteil hat der Tesla, wenn es zum Recyceln kommt, womit sich zusätzlich die Emissions-Bilanz verbessert. Die Akkus können wiederverwendet werden um z.B. Solarstrom zu speichern. Die Firma BMW hat beispielsweise von alten Elektroautos die Akkus entnommen und in einer Speicherfarm zu Großspeichern verbunden. Aus den Akkus kann man 90 Prozent des Kobalts recyceln.

Man muss schließlich beachten, dass es noch erheblichen Bedarf an weiteren Studien gibt, da eine Menge an Fehlinformationen im Umlauf sind, die verschiedene Faktoren nicht einbeziehen. Der Grund für diese falschen Entschlüsse sind unter anderem einige Lobbyisten, die das Gefühl vermitteln wollen, die Zeit wäre nicht reif für die Elektromobilindustrie.

Schluss

Zusammenfassend lässt sich sagen, dass Teslas die Welt verändert haben.

Das liegt zum großem Teil an dem Visionär und Gründer der Firma Tesla, Elon Musk, der seit der Firmengründung das Ziel hatte, die Autoindustrie durch Elektroautos zu revolutionieren.

Man kann sagen, dass Teslas konkurrenzfähig sind und sich durch Forschung stets weiterentwickeln werden. Eine verbesserte Akkulaufzeit kann zum Beispiel durch Teslas Gigafactorys, erreicht werden, aber auch in anderen Teilen wie dem autonomen Fahren, bietet Tesla die Möglichkeit zur Verbesserung. Jedoch muss der Marktführer der Elektroautos definitiv an seiner Infrastruktur und seinen Arbeitsverhältnissen arbeiten, da es an dieser Stelle zu Recht häufig zu Kritik kommt.

Mit vielen Elektroautos wie dem Tesla kann man heutzutage autonom Fahren. Die Hersteller benutzen dafür Sensoren und Kameras. Schon jetzt bietet autonomes Fahren einen Ausblick in die Zukunft, den man schon heute erleben kann. Die Tatsache, dass man sich entspannen kann, während das Auto das Fahren erledigt, könnte durch Firmen wie Tesla bald für alle Realität werden.

Wenn mehrere Autos mit solch einem System ausgestattet werden, entstehen weniger Unfälle und es gibt außerdem weniger Stau. In der Zukunft könnte es bald passieren, dass niemand mehr ein Auto besitzt, sondern die Autoinfrastruktur komplett umgewälzt wird und sich jeder nur noch ein Auto „bestellen" muss, um von A nach B zu gelangen.

Durch den Schadstoffausstoß von Fahrzeugen, die einen Verbrennungsmotor besitzen, wird der Treibhauseffekt begünstigt und somit auch die globale Erderwärmung. Die globale Erderwärmung liegt nicht nur an den Autos, sondern wird durch einige andere Faktoren verursacht. Dennoch muss man sagen, dass diese ein hohe Teilschuld haben, weshalb es sinnvoll ist, an diesem Faktor zu arbeiten.

Durch Fahrzeuge wie Teslas kann man was zur Bekämpfung des Klimas unternehmen. Wie zuvor erklärt, steigt zwar zunächst durch die Produktion der

Batterie die CO_2-Bilanz im Vergleich zu Fahrzeugen mit Verbrennungsmotoren, allerdings gleicht sich diese nach etwa zwei bis drei Jahren Nutzung wieder aus und es wird sogar eine Verbesserung im Verhältnis in das Positive erreicht. Zusätzlich kann man den Tesla nach Benutzung recyclen und einen Teil der Batterien und seltenen Erden zurückgewinnen und schließlich für andere Zwecke verwenden.

Abschließend lässt sich sagen, das Teslas umweltfreundlicher als Verbrenner sind und der Umwelt zugute kommen.

Literaturverzeichnis

Hörbuch von Audible: Wie Elon Musk die Welt verändert

Autor: Ashlee Vance

Datum der Erstveröffentlichung: 19. Mai 2015

ISBN vom Buch: 9780062301239

Genre: Biografie

https://www.handelsblatt.com/unternehmen/industrie/elektromobilitaet-teslas-batterie
zellen-stellen-die-deutsche-konkurrenz-in-den-schatten/22992678.html?ticket=ST-58
1405-vncPHuaG7DLdtLWDNwyw-ap5

15:15 Uhr 8.3.2019 (Teslas Batteriezellen stellen die deutsche Konkurrenz in den
Schatten)

https://www.youtube.com/watch?v=NYK6vVHrHc4

15:15 Uhr 8.3.2019 (Vorteile und Nachteile von Elektroautos im Vergleich zu
Verbrennerfahrzeugen)

https://www.youtube.com/watch?v=fUbAvpKH8mw&t=453s

15:15 Uhr 8.3.2019 (Elektroauto Vorteile - Grundlagen E-Auto)

https://www.daimler.com/innovation/autonomes-fahren/special/definition.html

15:00 Uhr 23.3.2019(Definition „Autonomes Fahren")

https://www.adac.de/der-adac/verein/aktuelles/bilanz-verkehrstote/

15:00 Uhr 23.3,2019 (2018 mehr Menschen bei Verkehrsunfällen getötet)

https://wwß0w.tesla.com/de_DE/autopilot

15:00 Uhr 23.32019 (Fahren der Zukunft)

https://www.youtube.com/watch?v=oRUq3TBj7yM

16:00 Uhr 23.3.2019 (Wie funktionieren selbstfahrende Autos?)

https://www.youtube.com/watch?v=p3qjaWCXJK0

16:00 Uhr 23.3.2019 (Autonomes Fahren / Selbstfahrendes Auto - Funktionsweise
(Animation))

https://www.theverge.com/2018/2/7/16988628/elon-musk-lidar-self-driving-car-tesla

15:30 Uhr 26.3.2019 (Elon Musk still doesn't think LIDAR is necessary for fully driverless cars)

https://www.youtube.com/watch?v=92bwQfVds14

12:30 Uhr 15.4.2019 (Autonom fahrende Autos – Wer haftet bei Unfall? | Rechtsanwalt Christian Solmecke)

https://www.dondahlmann.de/?p=24974

12:30 Uhr 15.4.2019 (DIE FÜNF LEVEL DES AUTONOMEN FAHRENS)

https://www.youtube.com/watch?v=pFkc5przf1U

13:00 Uhr 15.4.2019 (Kann Autonomes Fahren die Welt verbessern?)

https://www.check24.de/kfz-versicherung/autonomes-fahren/

13:00 uhr 15.4.2019 (Autonomes Fahren)

https://www.bmbf.de/de/forschung-zu-klimaschutz-und-klimawirkungen-365.html

13:00 Uhr 17.4.2019 (Forschung zu Klimaschutz und Klimawirkungen)

https://www.theeuropean.de/sebastian-sigler/12460-studie-enttarnt-tesla-als-umwelt-suender

13:30 Uhr 17.4.2019 (Dreckschleuder?)

https://www.manager-magazin.de/unternehmen/autoindustrie/tesla-laut-elektroauto-oekobilanz-sauberer-als-ford-fiesta-a-1177177.html

13:30 Uhr 17.4.2019 (Darum ist ein fetter Tesla sauberer als ein kleiner Ford)

https://www.youtube.com/watch?v=eQ4xrKiJqAU

14:00 Uhr 17.4.2019 (Das steckt wirklich hinter den Mythen der Elektromobilität | ZDF WISO)

https://www.umweltbundesamt.de/themen/klima-energie/klimawandel

14:00 Uhr 17.4.2019 (Klimawandel)

https://www.bmu.de/fileadmin/Daten_BMU/Pools/Broschueren/klimaschutz_in_zahlen_2018_bf.pdf

14:00 Uhr 17.4.2019 (Klimaschutz in Zahlen (2018) – Fakten, Trends und Impulse deutscher Klimapolitik)

https://www.youtube.com/watch?v=BBdJSfGQibA

14:30 Uhr 17.4.2019 (Wie öko ist ein Elektroauto wirklich?)